U0251194

夜航船

送给孩子的天文地理百科全书

天文部1

（明）张 岱 著

杨钦兆 编著

张 琦 绘

航空工业出版社

北京

内 容 提 要

学识就是硬通货，青少年上知天文下知地理才称得上是博学少年。本套书从天文、地理两个方向出发，为青少年读者科普中国古代天文地理知识，让他们了解灿烂的中华文化，培养科学探索精神，提升人文素养。

图书在版编目（CIP）数据

夜航船：送给孩子的天文地理百科全书. 天文部 . 1/
（明）张岱著；杨钦兆编著；张琦绘 . -- 北京：航空
工业出版社，2023.12
　　ISBN 978-7-5165-3527-1

Ⅰ . ①夜… Ⅱ . ①张… ②杨… ③张… Ⅲ . ①天文学
史-中国-古代-青少年读物 Ⅳ . ① P1-092 ② K90-092

中国国家版本馆 CIP 数据核字（2023）第 197438 号

夜航船：送给孩子的天文地理百科全书·天文部 1
Yehangchuan：Songgei Haizi de Tianwen Dili Baikequanshu·Tianwenbu 1

航空工业出版社出版发行
（北京市朝阳区京顺路 5 号曙光大厦 C 座四层　　100028）
发行部电话：010-85672688　　010-85672689

三河市双升印务有限公司印刷　　全国各地新华书店经售
2023 年 12 月第 1 版　　　　　　2023 年 12 月第 1 次印刷
开本：710×1000　1/16　　　　　　字数：62 千字
印张：5.5　　　　　　　　　　　定价：158.00 元（全 4 册）

目 录

01

古人又敬又畏的天

　　脚踏大地，头顶青天，天地是人类最原始的依靠和庇护所。古人讲"天圆地方"，他们认为天是圆的、地是方的，这种说法对吗？今天的每个人都知道这种说法是错误的，地球是一个两极稍扁、赤道略鼓的不规则球体才对。

　　古人将自己的浪漫情怀投放到星空之中，展开想象，进行探索。古代没有人造卫星，地球又太大，所以古人觉得天就像一个盖子一样盖在地上。他们根据自身的经验感受，按东、西、南、北、东北、西北、西南、东南，加上中央，将天划分为九个区域，统称"九天"，并将九天分别命名为东方苍天、南方炎天、西方浩天、北方玄天、东北旻（mín）天、西北幽天、西南朱天、东南阳天、中央钧天。

　　"九天"不单纯指头顶上的一片蓝天，还包含了整个宇宙。对古人而言，天是神秘而强大的，他们将未知的事物归属于天，想象出天界的样子，认为人世间的万事万物都与天有紧密的联系。天带来的安全感和神秘感，让人又敬又怕。古代的杞国就有这样一个怕天的人，他抬头看到天都会瑟瑟发抖，时常忧心忡忡，吃不下饭，睡不着觉，变得瘦骨嶙峋。别人就问他："你为什么每天都是一副害怕的样子？"这个人满面惊恐地说："你们看呀，天覆盖在我们头顶的每一个地方，它要是塌下来了，我们不就没有容身之所了吗？"众人听后，都哈哈大笑起来。这个故事还衍生出了"杞人忧天"这个成语，用来比喻那些不必要或毫无根据的忧虑。

　　忧天的杞人，被人嘲笑至今。不过在神话传说中，天确实塌过。相传，远古时期有一个神通广大的神，她的名字叫作女娲。女娲用泥土创造出人类之后，人类一直过着快乐幸福的日子。但水神共工和火神祝融不知道为什么打了起来，这一仗打得非常激烈，火神祝融战胜了水神共工，水神共工愤怒之下撞向了不周山。这不周山原本是一根矗立在西北方支撑天的柱子，被共工一撞就给撞断了，天空出现了一个大窟窿，地面也裂出一道道沟壑，滔天的洪水翻涌，美丽的人间变得跟地狱一样。女娲看着她的子民承受着巨大的灾难，于心不忍，便炼制五色石，把天空的窟窿给补上了。之后，人间才慢慢恢复往日的美丽景象。

　　古人崇拜天，认为天能像神明一样庇护自己。就连帝王有所求的时候，也会向上天祝祷，现在北京还有古人祭天用的天坛祭祀建筑群。古代的皇帝自称天子，认为自己受命于天，是代表天来统治人民的。可见，天对古人的社会生活具有多么深刻的影响。

唐末五代时期，乱象丛生，各个政权打来打去。李嗣源被女婿石敬瑭说动，背叛了后唐[1]庄宗李存勖（xù），后唐庄宗遇害后登基为帝，成为后唐明宗。李嗣源做了皇帝之后，时常在宫中焚香，祭拜上天，祈祷道："我只是一个异族人，在乱世被众人推上皇位，希望上天早早降下圣贤之人，让他来做天下之主吧！"这个皇帝当得真是有自知之明。

随着人类社会的发展，人们不断总结经验，并进行观测和思考，发现地球其实是一颗行星，太阳、月亮和我们看到的星星都是一颗颗的星球。它们和我们在同一个宇宙，只是距离我们有些远。这时，人们开始思考，天空中的太阳和我们脚下的地球，究竟谁是宇宙的中心呢？16世纪就有一个爱思考的人——天文学家哥白尼提出了"日心说"，他认为太阳是宇宙的中心。

---

[1] 后唐：朝代名，五代之一，建都洛阳（今属河南），国号"唐"，史称"后唐"，共历四帝、十四年。

在那个普遍认为地球才是宇宙的中心——"地心说"的时代，哥白尼提出的"日心说"被视为异端邪说，所以他在那个时代受到了极大的迫害。

直到科学进一步发展，人们才知道，地球不是宇宙的中心，太阳也不是宇宙的中心。谁是宇宙的中心，人类还在继续探索的过程中。

 长知识了

①宇宙： 四方上下曰"宇"，古往今来曰"宙"，"宇"指无限的空间，"宙"指无限的时间。宇宙也指包括地球及其他一切天体的无限空间，哲学上也叫世界。

②地球： 约有46亿年的历史，在漫长的时间里，它经历了多次火山喷发、板块碰撞等；是太阳系八大行星之一，按离太阳由近而远的次序，计为第三颗行星；是一颗两极稍扁赤道略鼓的不规则球体，自转一周是一昼夜，绕太阳转一周是一年。

③地月系： 月球的运动包括月球的自转和公转。在公转方面，月球与地球组成了一个天体系统。

④太阳系： 银河系中的一个天体系统，以太阳为中心，包括太阳、八大行星及其卫星和无数的小行星、彗星、流星等。

⑤银河系： 太阳系的上级天体系统，直径约10万光年，包含1000多亿颗恒星。太阳与银河系中心的距离约2.6万光年。（1光年约等于9.4607×10^{12}千米，光在真空中传播一年的距离。）

⑥三光： 太阳、月亮、星星的合称。

⑦七政（七曜）： 太阳、月亮，加上金星、木星、水星、火星、土星五星，合称七政，也叫作七曜。

夜航船驿站

回天

一件事无可挽回，人们会哀号："唉，无力回天哪！"大夫眼睁睁地看着濒死的病人，便摇头苦叹："回天乏术了。" 但古代就有这么一个有回天之力的人，他就是张玄素。唐太宗把大唐江山治理得井井有条后到各地游玩，来到被毁的隋朝洛阳宫，就想重建自己居所了。毕竟皇帝也是人，要享受生活的嘛。为堵住大臣的嘴，他就严肃地说："我要修建洛阳宫，你们谁也别阻拦我，不然就降职罢官。"张玄素为人耿直，进谏道："只有昏君才会大兴土木，您想像商纣王、隋炀帝那样做个亡国之君，就去做吧。"唐太宗这才猛然惊醒，断了修建洛阳宫的念头。古代的帝王又称"天子"，张玄素阻止了唐太宗，魏徵便说："张公有回天之力。"

戴天

《礼记》记载"君父之仇，不共戴天"，对于君主和父亲的仇人，要与他不共戴天。

二天

普通人的头顶只有一个天，但有的人偏偏觉得自己有两个。东汉时，冀州刺史苏章去巡查工作，他有个朋友在他的管辖区清河担任太守，做了贪赃枉法的事情。苏章来清河巡查，宴请了这个朋友。这个朋友觉得苏章一定能庇护自己，不让自己受到法律的制裁，便在宴席上说："普通人的头顶只有一个天，而我却有两个天。"他认为苏章便是他的另一个"天"，可以包庇他。苏章说："今天与老朋友饮酒，是私人交情；明天到冀州办案，就要公事公办。"第二天苏章便将这个犯法的朋友依法治罪了。

02

潇洒肆意的风

风是由空气流动引发的一种自然现象。古人在与风相处的过程中，总结出"四时风""八风""二十四番花信风"等不同时节的风，还演绎出许多与风有关的故事。

所谓四时风，指春、夏、秋、冬四个季节的风，春天刮东风、夏天刮南风、秋天刮西风、冬天刮北风。春天的风是从下而上吹动的，能让风筝飞起来；夏天的风在空中横向吹动，因此能听到树梢传来的风声；秋天的风从上而下吹动，树叶飘飘而落；冬天的风是贴着大地吹动的，因此风吹大地，一片寒凉，我们走在大街上也被冻得瑟瑟发抖。

四季变化对比鲜明，人生际遇浮沉不定，人的心境与自然之境有时往往相互照见，欢乐愁苦的情绪都能通过自然之境反映出来。因此文人墨客常常在诗歌中描写季节变化、物候现象，含蓄委婉地表达深远的意境。比如，诗人郑愁予笔下的"东风不来，三月的柳絮不飞"，刮东风的时候天气逐渐回暖，

柳絮在各种气候条件成熟的情况下才能漫天飞舞。如果没有明确写出风向，你还能通过诗句中的内容判断四季吗？清代诗人高鼎曾写《村居》诗一首。

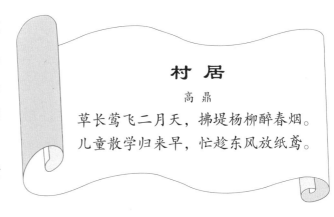

村 居

高 鼎

草长莺飞二月天，拂堤杨柳醉春烟。
儿童散学归来早，忙趁东风放纸鸢。

这首诗中提到了"东风"，春天刮东风，因此可以判断出诗中所描绘的季节为春季。这首诗寥寥几句，就将季节变化、物候现象委婉动人地表达出来，这样的诗你还能想到哪些呢？

在实践中，古人还总结出"八风"，也就是"八节之风"。它是立春、春分、立夏、夏至、立秋、秋分、立冬、冬至八个节气对应的风。立春"条风"（东北风）到来时，万物复苏，生而不杀，要赦免犯了小错误和狱中滞留的犯人；春分"明庶风"（东风）来临时，要核正封疆、修整田地；立夏"清明风"（东南风）吹来时，应拿出财物出使诸侯国；夏至"景风"（夏至后暖和的风）徐徐吹拂的时候，要论功行赏；立秋"凉风"（西南风）到来时，要向上天汇报收成，并祭祀四方之神[1]；秋分"阊阖风"（西风）吹来时，要把琴瑟之类的乐器收起来，不再放纵享乐；立冬"不周风"（西北风）吹来时，要修缮宫室、维护边城；冬至"广莫风"（北风）来临，要封闭关卡，处罚有罪之人。

我们现在倡导人与自然和谐相处，古人根据风所处的时节，顺应自然调整自身的活动，这是多么智慧啊！

如果说八节之风指导人们的行动，是古人实用主义精神的体现，那

---

[1] 四方之神即四象，在传统文化中指青龙、白虎、朱雀、玄武代表的四个方向，后经道教演变为四方守护神。

么"二十四番花信风"则是古人浪漫主义精神的体现，它反映了人们观察时节变化时的浪漫感受。宋代徐师川有"一百五日寒食雨，二十四番花信风"的诗句，其中"花信风"指应花期而来的风，有报花之信的意思，了解"二十四番花信风"，便会知道每个时节所盛开的花。

小寒，一候梅花，二候山茶，三候水仙；

大寒，一候瑞香，二候兰花，三候山矾；

立春，一候迎春，二候樱花，三候望春；

雨水，一候菜花，二候杏花，三候李花；

惊蛰，一候桃花，二候棣棠，三候蔷薇；

春分，一候海棠，二候梨花，三候木兰；

清明，一候桐花，二候麦花，三候柳花；

谷雨，一候牡丹，二候荼蘼，三候楝花。

一年有二十四个节气，一个节气有三个物候❶，一年就是七十二个物候。从小寒到谷雨的八个节气中有二十四个物候，每个物候对应一个花期，就衍生出"二十四番花信风"。

关于花信风，还有一个有趣的传说。相传，历史上著名的女皇武则天，有一次喝醉了酒，便下旨要求百花在一夜之间开放，各路花神紧急开会之后也只能按照花期时序，从梅花到楝花齐齐盛开，给天下苍生安排了一场百花齐放的精彩表演。

你可能觉得花信风吹来的时候，人间就一个"美"字。但不是所有的风都这么美，比如飓风。《岭表录》中说，飓风俗称"飓母风"，大多发生在初秋时节，飓风一起则海潮汹涌。在气象学上，飓风指发生在大西洋西部的热带气旋，是一种极强烈的风暴，也指气象学上的12级风。飓风的

---

❶ 物候：生物的周期性现象（如植物的发芽、开花、结实，候鸟的迁徙，动物的冬眠等）与季节气候的关系。也指自然界的非生物变化（如初霜、解冻等）与季节气候的关系。

出现总是带着巨大的破坏力，因此它是一种自然灾害。

不管细雨柔风，还是暴雨狂风，风这个物象在古人的世界中还有别样的含义，它常常被人们用来表达深刻的思想感情。

舜作为上古时期的圣人，他治理国家、管理百姓，忧国忧民，时常想着怎样才能让百姓安居乐业。舜制作五弦琴，弹唱《南风》之诗来表达他治理国家的心愿。

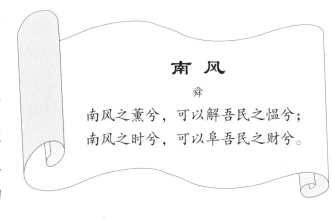

南 风

舜

南风之薰兮，可以解吾民之愠兮；
南风之时兮，可以阜吾民之财兮。

在这首诗歌里，"南风"的意思是吉祥的风，整首诗的意思是：

吉祥的南风啊，徐徐地吹动，可以使万民解除疾苦；

吉祥的南风啊，缓缓地吹动，可以使万民增加财富。

　　春秋战国时期，孔子在出行途中遇到一个叫皋鱼的人身披粗布衣服，抱着镰刀在道旁哭泣。孔子问皋鱼："你家中没有丧事，为什么哭得这么悲伤呢？"皋鱼回答："我有三个过失。第一个过失，是我年轻的时候为了学习到各个国家去游历，没有把照顾亲人放在第一位。第二个过失，是我自认为志向崇高，不愿意侍奉平庸的君主，到现在还一事无成。第三个过失，是我和朋友交情深厚，却因为小事就断绝来往。人生啊，往往是树想静下来，风却不停地吹动，子女想好好地赡养父母，可父母却等不到那一天了。过去的岁月无法挽回，逝去的亲人再也见不到了。"说完，皋鱼就悲愤地与世长辞了。孔子便对弟子们说道："这件事足以让你们明白其中的道理了，你们应该引以为戒。"于是，孔子的弟子有十分之三辞行回家赡养双亲。孔子真不愧是教育家啊，皋鱼感叹"树欲静而风不止，子欲养而亲不待"，他就启迪弟子进行思考。

　　风被古人赋予了许多人文色彩，寄托了人的许多情思，有时是思念，有时是欢乐，有时是悲伤。总之，它不再只是单纯的自然现象。知道了这一点，当我们阅读古文、了解古人、学习传统文化的时候，就能有更深的感受。

长知识了

① **羊角风**：羊角一样的旋风。在古代，南风叫"凯风"，东风叫"谷风"，北风叫"凉风"，西风叫"泰风"。微风叫"飚（biāo）"，小风叫"飕（sōu）"，猛风叫"飓（liè）"，凉风叫"飗（liú）"，旋风叫"焱（yàn）"，龙卷风叫"颓"，回风叫"飘"。日出时的风叫"暴"，阴天的风叫"曀（yì）"，风雨交加叫"霾"。风助火势叫"庉（tún）"。

② **二十四节气**：指立春、雨水、惊蛰、春分、清明、谷雨、立夏、小满、芒种、夏至、小暑、大暑、立秋、处暑、白露、秋分、寒露、霜降、立冬、小雪、大雪、冬至、小寒、大寒二十四个节气。二十四节气表明气候变化并指导农事，在农业生产上有重要的意义。

③ **"风级"歌**：根据风力大小，风一般被分为十三级。零级烟柱直通天，一级轻烟随风偏，二级轻风吹脸面，三级叶动红旗展，四级枝摇飞纸片，五级带叶小树摇，六级举伞步行艰，七级迎风走不便，八级风吹树枝断，九级屋顶飞瓦片，十级拔树又倒屋，十一二级海上见。

夜航船驿站

⭐ 少女风

　　三国时期，有一个著名的术士名叫管辂。管辂来到一个叫作清河的地方，这个地方的倪太守正在为旱灾忧心。倪太守就向管辂请教，问他什么时候会下雨。管辂说："树梢有少女般的微风在吹动，树上的鸟儿也在相互鸣叫，雨很快就要来了。"之后，果然如管辂所言，下了一场大雨。那种拂动树梢的微风，就是人们常说的少女风。

⭐ 石尤风

　　古时候，石家有一个女儿，嫁给尤姓男子为妻。丈夫打算远行经商，妻子不想让他去，他也不听。丈夫去了很久都没有回来，石氏病得快要死了，说："我非常悔恨当初没有拦住丈夫远行，我死后要化为大风来阻拦那些远行的商人。"从此，人们便将外出旅行遇到的逆风叫作石尤风。在这里，石是妻子的姓，尤是丈夫的姓。

03

水的双胞胎姐妹——雨雪

雨、雪，是自然界最心系苍生的一对姐妹了。雨有如甘霖，洒向大地，滋养万物；大雪酷寒，减少土壤热量外传，保护庄稼安全过冬。其实，雨、雪是两种降水形式，江河湖泊等地面水蒸发之后升到高空，遇到低温环境之后就凝结成小水滴，并汇集成云，水滴不断增多，合成重量大的大水滴之后就以降雨的形式落到地面。但温度低到0 ℃以下时，水汽就会凝结成冰晶，并以降雪的方式落到地面。我们常说"下雪不冷，化雪冷"，因为雪在融化时会吸热，所以雪融化的时候地面温度比下雪时低，感觉也会更冷。

多变的雨

现代气象学知识根据降水量，把降雨分为小雨、中雨、大雨、暴雨、大暴雨、特大暴雨等。在古代小雨叫"霡霂"，大雨叫"霶霈"，下了三天以上的雨叫"霖"，下得太久的雨叫"霪雨"，也叫"天漏"。古代农业社会，人们靠天吃饭，雨是非常重要的，如果长时间不下雨，庄稼歉收，将是极大的灾难。古人认为，上天行云施雨，地面的万物受到滋养而变化其形体，如果长期遭遇大旱，便是上天在警示人间，以君王为代表的统治者就要自我反省，向上天祈雨。由此，各个朝代便出现了许多与降雨有关的故事。

据说，商汤时期曾有七年大旱，太史占卜之后说："应该献祭人来求雨。"商王汤便说："我求雨就是为了百姓，如果要用人来献祭，就让我来吧。"于是，商汤斋戒沐浴，剪了头发、指甲，坐着没有文饰的马车，身上插着白茅，以自己为祭品在野外祈雨，并以六件事来自我反省："我的治理没有法度吗？百姓流离失所了吗？宫室太过高大了吗？后宫女人太多了吗？贿赂盛行了吗？谄媚之人得势了吗？"话还没有说完，天就下起了大雨，覆盖千里。

唐代开元年间，五原地区有冤狱，天气也干旱了很久。恰逢当御史的颜真卿巡行到这里，了解到有冤狱之后重新审理。没想到，冤狱重审之后立刻就下起雨来，人们便将这场雨称为"御史雨"。

北宋开宝五年（公元972年），天降大雨，黄河决口。宋太祖赵匡胤想，老下雨也不行，便对宰相说："大雨连绵不停，是我的治理失当了吗？是我后宫的女子太多了吗？"之后，宋太祖便对后宫中人下令，说："你们有想回家的，说明情况之后可以申请出宫。"当即就有一百人申请出宫，宫里给了厚重的封赏之后就让她们离去了。"霖雨放宫人"的故事因此流传了下来。

关于雨的故事，最有意思的当属郭林宗的"冒雨剪韭"了。汉代的郭林宗在自家后院开辟了菜园，每日浇水施肥，体验田园乐趣。一天傍晚，好友范逵前来拜访，这时候正下着大雨，郭林宗便披着蓑衣、戴着斗笠，冒雨到菜园割韭菜做炊饼来招待好友，二人推杯换盏，相谈甚欢。他们之间的友谊多么让人感动。就连唐代大诗人杜甫在描述久别老友重逢叙旧时都引用他们的故事。杜甫在《赠卫八处士》一诗中写道"夜雨剪春韭，新炊间黄粱。主称会面难，一举累十觞"。好友到来，主人家冒夜雨去剪韭菜，新煮了掺有黄米的饭，热腾腾的饭桌上，主人家一边说难得见面，一边高兴得连进十杯酒，远道而来的友人备感温暖，其间流露出的人情美、生活美亦令人动容。

冷冽的雪

在现代气象学中，雪是一种降水方式，按照雪融化后的水的多少，可以分为小雪、中雪、大雪、暴雪。在神话故事中，降雪是由雪神进行管理的，古人还给雪神起了名字，叫滕六。关于雪，古人有许多有趣的故事，神话传说为雪增添了一丝神秘气息，文人墨客与雪相关的故事又让它拥有了无穷的魅力。

冬天，东晋太傅谢安组织家宴，召集家族中的年轻人围坐在一起，讨论诗词文章和遣词造句之法。没多久，谢安见雪大了起来，便想考考晚

辈，就问："白雪纷纷的样子像什么呢？"他的侄儿谢朗说："像在空中撒了一把盐。"谢安的侄女谢道韫是一个大才女，她说："不如说'柳絮因风起'。"谢安看着飘飘扬扬的大雪，高兴得哈哈大笑起来。

东晋时期的书法家，王羲之的儿子王徽之❶住在山阴（今浙江省绍兴市）的时候，在大雪之夜忽然兴起，划着小船到剡县（今浙江省嵊州市）去拜访好友戴安道，可是到了好朋友家门前，突然决定返回。仆人不知道他为什么这么做，明明兴冲冲要去拜访好友，为什么没见着人就返回了呢，于是问他原因。王徽之回答说："我一时起了兴致就来了，现在兴尽就该回去了，何必一定要见到戴安道呢？"我觉得王徽之的仆人听到这句话，一定会气得吐血，还会腹诽：合着折腾大半夜您和我玩儿呢！踏踏实实睡觉，就不香吗？不管怎样，王徽之这"一时兴起而行，兴尽而归"的行为，多么洒脱啊！

❶ 王徽之：字子猷，东晋名士、书法家。

　　古代有个道士，也许是因为他喜欢光着脚在雪地里行走，所以人们叫他铁脚道人。铁脚道人是个很有雅兴的人，兴致来了就一边行走在雪地里，一边朗诵《庄子·秋水》，感受雪地里的清凉，领悟圣贤的思想智慧，身心沉静而舒畅。他对世界充满好奇心，喜欢尝试各种各样的新鲜事

物。当他看到雪地里灼灼盛开的梅花时，就伸手摘下梅花，就着雪吃了起来。别人看了，都很好奇，问他："为什么雪和梅花一起吃？"他说："我想让雪的寒气、梅花的香气沁入我的骨髓，熏染我的心灵。"铁脚道人看似疯癫，实则洒脱、豪迈，他不拘一格的性格能让人有欢畅之感。

唐代诗人孟浩然也喜欢雪地梅花，他性情豁达，不仅是位诗人，还是个"驴友"。孟浩然经常在下雪天骑驴外出，小毛驴踏在洁白的雪地里，一人一驴慢慢地往前走，踏雪寻梅，欣赏美景。孟浩然在这个独处的时间里作出了许多诗歌，他时常说："我作诗的灵感，是在灞桥风雪中的驴背上产生的。"后来，人们便用"踏雪寻梅"来形容文人雅士观赏美景、苦心作诗的情致。"踏雪寻梅"真是一件有意趣的事情啊！

茫茫白雪，反射月光之后可以照亮黑夜，在没有电灯的年代，你可以发现这种现象，用它来照明吗？晋代就有这样一个通过皑皑白雪映射的光

来刻苦读书的人，他就是孙康。孙康年幼的时候很喜欢读书，可是因为家里贫困，白天需要干活儿，无法读书，晚上又没有钱买灯油，只能躺在床板上默默地数星星，浪费大好的光阴。"要是晚上的时间能用来读书就好了。"他常常透过窗户，看着窗外的黑夜叹息道。时间一天天过去，冬天悄悄地到来。有一天，大地忽然被飘飘扬扬的白雪覆盖。晚上，孙康看着窗外白茫茫的雪景，虽然没有白天那么明亮清晰，但似乎能影影绰绰地看清雪地里的景色。孙康忽然灵机一动，拿起自己心心念念要看的书本，打开门就往雪地里奔去。他蹲在雪地里，翻开书本一看：真能看到！孙康看到字的那一刻，别提多高兴了，于是拿着书本就读了起来。就这样，孙康最终成了一个饱学之士。

北宋的开国皇帝赵匡胤，是一个关心民间疾苦、勤政爱民的好皇帝。他白天和大臣们开会，商讨国家大事，晚上也辗转反侧，思考治国之策，要是有想法了就不管不顾地径直奔大臣家里去。有一天晚上，大雪纷纷扬扬，赵匡胤又有想法了，于是约上晋王赵光义，冒着雪就去了大臣赵普[1]的家中。赵普刚

---

❶ 赵普：北宋政治家、开国功臣。

想着："这大雪夜，皇上应该不会来了吧！"正准备洗洗睡了的时候，宅门就被皇帝给敲响了。于是，屋外大雪纷飞，屋内炭火暖身，君臣围炉而坐，你一言我一语，商定了北宋"先南后北，先易后难"的统一政策，这雪夜中的故事一时传为佳话。明代宫廷画家刘俊还创作了《雪夜访普图》，来歌颂明主与忠臣之间的融洽关系，赞美了贤君礼贤下士、勤于政事的美德。

　　大雪清凉洁白，是自然界中靓丽的风景。有些高山，随着海拔上升，温度会降低，一般海拔每上升1000米，温度就下降6摄氏度，海拔超过6000米，温度就要比海平面低36摄氏度左右。极低的温度，就会形成降雪并在山顶堆积起来，形成雪山景象，比如玉龙雪山；有些地方容易下雪，甚至还会出现大雪封山的景象。

长知识了

1 霜神： 名叫青女。

2 雪神： 名叫滕六。

3 降雨量： 24小时内的降雨量称之为日降雨量。凡是日降雨量在10.0毫米以下的，为小雨；10.0~24.9毫米的，为中雨；25.0~49.9毫米的，为大雨；50.0~99.9毫米的，为暴雨；100.0~250.0毫米的，为大暴雨；超过250.0毫米的，为特大暴雨。

4 泥石流： 山坡上的大量泥沙、石块等经山洪冲击而形成的突发性急流。泥石流对建筑物、公路、铁路、农田等有很大的破坏作用。

5 冰雹： 空中降下来的冰块，呈球形或不规则形，多在晚春和夏季的午后伴随雷阵雨出现，给农作物带来很大的危害。通称雹子，也叫雹。

6 雪崩： 大量积雪从山坡上突然崩落下来。

7 玉龙雪山： 位于云南省丽江市北，云岭主峰由13座山峰组成。山顶终年积雪，有现代冰川，景色雄伟壮丽，为国家级风景名胜区。

夜航船驿站

🌸 谢太傅寒雪日内集

　　谢太傅寒雪日内集，与儿女讲论文义。俄而雪骤，公欣然曰："白雪纷纷何所似？"兄子胡儿曰："撒盐空中差可拟。"兄女曰："未若柳絮因风起。"公大笑乐。这篇古文是东晋谢安与其子侄辈的即兴对话，它言简意赅地展现出谢安侄女谢道韫的文学才华，成为流传千古的一段佳话。

🌸 王子猷雪夜访戴

　　王子猷居山阴。夜大雪，眠觉，开室命酌酒，四望皎然。因起彷徨，咏左思《招隐诗》，忽忆戴安道。时，戴在剡，即便夜乘小船就之。经宿方至，造门不前而返。人问其故，王曰："吾本乘兴而行，兴尽而返，何必见戴？"这篇古文是成语"乘兴而来，兴尽而返"的出处，表达了王子猷潇洒率真的个性，反映了东晋士族知识分子任性豁达的精神风貌。

04

最佳合伙人——雷电

传说，神农氏的后代少昊氏娶了一个名叫附宝的人为妻。有一天，附宝看到闪电围绕北斗七星的第一颗星天枢星闪动，照亮郊野，感而受孕，二十个月后便在寿丘生下了黄帝。感应雷电而受孕，这只是神话传说。现在真的去感应雷电，那简直是非常危险的行为，特别不提倡。

雷与电是不分家的，它们是云层与大地之间或云层与云层之间的放电现象，往往同时产生。但为什么我们总是先看到闪电，后听到雷声呢？因为声音在15摄氏度的空气中的传播速度是340米/秒，光在空气中的传播速度约为$3×10^8$米/秒，光的传播速度快、声音的传播速度慢，雷声和闪电从同一个地方同时向外传播，光的速度快就先到，声音的速度慢就后到，于是我们就先看到闪电，后听到雷声了。所以，下一次如果你看到闪电，就会知道雷声马上要来了。

在自然界中，雷是有生命力的。所谓春雷一响万物生，雷电产生的

电流会使空气中的氧气和氮气发生化学反应，生成一氧化氮；一氧化氮又与氧气进一步发生化学反应，生成二氧化氮；二氧化氮与雨水发生化学反应，形成硝酸；硝酸进入土壤发生化学反应，形成硝酸盐。硝酸盐是庄稼的"食物"，能给庄稼补氮。每次打雷，都会产生大约一到两吨氮的化合物，植物受到"美食"的召唤，就开始拼命地生长。所以，惊蛰是春耕的信号枪，表示人们开始进入农忙时节。

走过漫长的寒冬，雷电声中带来的"惊蛰"预示着万物的复苏。古人会在这一天点燃艾草，驱赶蛇虫鼠蚁，一些地区还演变出了"打小人"驱赶霉运的习俗。文人墨客感应时令的变化，通过诗歌、文章来表达内心的欢喜，比如唐代韦应物的《观田家》一诗中写道"微雨众卉新，一雷惊蛰始。"可见惊蛰预示着一年的新希望。

雷电这么危险，古代却有"明知有雷电，偏向雷电行"的人。三国时期有一个叫王裒（póu）的人，他的母亲在世时害怕雷声。母亲去世之后，每当打雷，王裒都会来到母亲墓前，说："儿子王裒在这里。"让母亲不要害怕。王裒真是一个大孝子，他对亲人的感情真是令人感动啊！这就是我们后来常常听到的典故"闻雷泣墓"。

三国时期还有一个"霹雳破所倚柱"的故事。夏侯玄是三国时期的思想家、文学家，他非常喜欢读书，常常沉醉在书海世界。有一天，他像往常一样，靠着柱子专心地读书。当时下着暴雨，轰隆一声，雷电击中了夏侯玄靠着的柱子，把他的衣服都烧焦了，可他仍旧神色不变，照样读书。周围的人看了，都大惊失色，但回过神后，又佩服起夏侯玄来，觉得他不仅读书刻苦，还能处变不惊，有泰山崩于前而色不变的沉稳性格。夏侯玄勤学苦读的精神值得我们学习，但"君子不立于危墙之下"，下雨天的时候，我们要注意远离雷电，保障好自己的安全。

雷电震天动地，它们和风雨分工合作、配合默契，为大地带来生机，了解它们的危险和所带来的好处之后，你还会害怕吗？

 长知识了

①雷神： 名叫丰隆，在天上主管造化。古人认为，雷是阴阳二气相互冲突的产物；电是雷的光，是阴阳相激产生的光；霹雳是较为激烈的那种雷。闪电长长的，就像鞭子一样，所以闪电又叫雷鞭，唐诗就有"雷车电作鞭"的句子。

②电神： 名叫缺列，又叫列缺。《思玄赋》中就有"丰隆轩其震霆兮，列缺晔其照夜"，意思是"雷神丰隆霹雳的雷声震惊天庭，电神列缺的闪电照亮夜空"。

③律令： 传说，周代有一个人，他奔跑的速度非常快，因此死后就做了雷公的属下。秦汉时期，朝廷颁布法令、发布诏书或檄文时，会在末尾加上"如律令"，表示要像"律令"一样快速发挥作用。

夜航船驿站

　　《论衡》中说，子路是感应雷精而出生的，所以喜欢生事。子路是孔子的弟子，孔门七十二贤之一。但他性格耿直粗暴，只要自己觉得不对就马上反驳孔子，常常把孔子气得要命。刚见面，子路就问孔子："学习真的有用吗？"孔子回答："木料用墨绳来矫正才能笔直。人如果能接受别人的劝解，认真学习，重视学问，怎么能不成功呢？人如果诋毁仁义、厌恶读书，将来就可能走入犯罪的深渊。所以君子不可以不学习。"子路反驳道："南山有竹，不矫正就是直的，用来做箭杆，可以射穿犀牛皮。以此推论，哪里还需要学习呢？"孔子解释道："如果箭头不打磨锋利，这样的箭能射得深吗？"孔子想说就算用笔直的竹子做箭杆，还是需要经过打磨，不是直接拿来就可以用的。子路领会了孔子的话语之后，深感佩服，于是决定踏踏实实地跟随孔子学习。

05

春的"十二时辰"：好雨知时节，当春乃发生

天气渐渐暖和，人们脱去了棉衣；白天渐长，黑夜渐短；花草树木慢慢地发芽、长大，长出绿叶，开出小花；燕子从南方飞回来，大雁也从南方飞回北方；农民在地里忙碌，或者平整土地，或者播种、插秧，这就是春天的物候景象。春天有立春、雨水、惊蛰、春分、清明6个节气，人们对每个节气都有顺应时节的安排，这是我们古人的智慧。

正月锦江春水生——端月❶

🌫 新春伊始

正月，是农历的第一个月，正月又称端月。"端"的意思是开端，用端月表示一年的第一个月是最合适不过的了。端月的用法始于秦二世❷二年，为了避秦始皇"政"的名讳，才改"正月"中的"正"为"端"，于是"正月"就用"端月"替代了，直到汉代的时候才改回"正月"。

一年的第一个月叫"端月"，那一年的第一天叫什么呢？相传，伏羲总结前人经验，创立八卦，才确立元日，让古人有了更准确的时间概念。元，就是开始的意思。在古代，元日是新年的第一天，也叫元旦——这可不是我们现在的法定节假日元旦，它们是两个不一样的概念，也不是同一天。在古代，元旦又称"三元"，即岁之元、月之元、时之元。各个朝代元日的时间并不相同，夏代是正月初一，商代是十二月初一，周代是十一月初一，秦代是十月初一。

每年的元日那天，县官会在门上悬挂羊头，再剁一些鸡肉放在上面，因为春天是草木生长的季节，但羊要啃食百草，鸡要啄食五谷，所以用它们的肉来进行祭祀，助长草木的生机。

---

❶ 端月：农历一月的雅称。

❷ 秦二世：名胡亥，秦始皇的小儿子，秦朝第二代皇帝。

为了庆祝新的一年到来，人们还会在元日这一天把家里装饰一番——换桃符、贴对联、剪窗花，再做满满一桌好酒好菜，在爆竹声里与家人欢聚一堂，

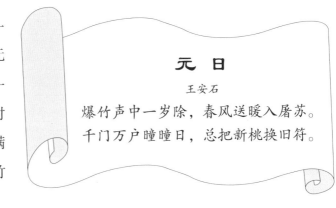

元 日

王安石

爆竹声中一岁除，春风送暖入屠苏。
千门万户曈曈日，总把新桃换旧符。

一起守岁、祭祀、吃团圆饭，晚辈还可以从长辈那里得到压岁钱。这一天不仅家里热闹，屋外也锣鼓喧天，户外的街道广场上，人们载歌载舞，舞狮敲鼓，在一片欢乐声中，庆祝新年的到来。不同的朝代，不同的地区，习俗也可能不同，但都是一派喜庆的氛围，北宋大诗人王安石的《元日》一诗就对元日这一天有非常精彩的描述。

你知道王安石这首诗里的"桃符""屠苏"是什么吗？桃符是古人在

大门上挂的两块画着门神或题着门神名字的桃木板，古人认为它能压邪，后来在上面贴春联，因此也用桃符借指春联。屠苏最开始的时候是一种植物的名字，这种植物经常被人们用来搭建草庵，因此屠苏也成了草庵的代名词。汉代的时候，有人住在草庵中酿酒，等到除夕夜往酒里浸泡药材，第二天元日的时候再来喝，据说可以辟除百病。因为它是屠苏建造的草庵里酿造出来的。所以这种酒，就叫作屠苏酒。一家人喝屠苏酒的时候是有讲究的，一般先让年龄小的喝，因为少年人到这一天又长大一岁了；然后老年人喝，因为老年人到这一天又少了一岁，所以后喝。

除了喝屠苏酒之外，人们还在元旦那天把花椒放在酒里一起喝，叫作"椒觞"。据说，花椒是玉衡星精❶，喝了之后可以让人不老。

古人还用五木烧水洗浴，据说这种水能让人的头发到老都是黑的。那五木到底是什么神奇的东西呢？古人把青木香❷叫五香，也叫五木。

春节还有一个重要的活动——拜年。拜年，是人们向他人表示问安和祝贺的一种活动。在古代，朝廷举办的朝正或团拜活动，以及民间百姓之间的拜年，是强化社会关系、亲情关系的重要活动。

在古代，朝廷举办的拜年活动，叫作"贺正"，也称"朝正""元会"。周代的时候，每逢新年，诸侯都要向周天子"朝正"，向他进行拜贺，但把这种拜年活动定在夏历的正月初一这个时间点的，是汉高祖。汉高祖在十月灭亡秦朝，就把十月定为一年的第一个月。但到汉高祖七年（公元前200年）的时候，长乐宫❸建成，群臣到场拜贺，这才把农历（夏历）的正月改为一年的第一个月，并规定了贺正的仪式。不得不说，古人

---

❶ 玉衡星精：玉衡星为北斗七星的第五颗星，古人认为玉衡星精为玉衡星所化。

❷ 青木香：中药名，别名土木通、土藤、青藤、岩见愁等。

❸ 长乐宫：西汉宫殿，汉初皇帝在此视朝，惠帝后朝会移未央宫，长乐宫改为太后居所。现已圮毁。

做事真的很有仪式感啊！

喜迎新春之后，正月初七还有一个重要的节日，"人日"，就是人类的生日。传说，女娲娘娘正月初七的前六天创造了鸡、狗、猪、羊、牛、马六畜，在初七那天觉得太孤单了，于是女娲娘娘创造了人，"人日"之说由此而来。在这一天，人们不再走亲访友，都收了心思，准备开工干活儿。宋代的郑国公富弼有一年过完新年，在正月初七那天就打算去上班了，入朝觐见宋真宗的时候，宋真宗赵恒宽慰地说："爱卿来了，今天真不愧是'人日'啊！"宋真宗是不想上班，才发出这样的感慨吗？

元宵夜

农历正月十五日这一天，是上元节，也叫元宵节。元宵节是我们的传统节日，在元宵节这一天，人们会用糯米粉等做成有馅儿的球形食物煮着吃。从唐代起，这一天还有了观灯的风俗，所以这个节日又叫"灯节"。古人认为天官赐福、地官赦罪、水官解厄，并以"三元"配"三官"。正月十五日是天官的生日，所以这一天放天灯；七月十五日则是水官的生日，所以这一天放河灯；十月十五日是地官的生日，所以这一天放街灯。

上元节张灯原本只有三夜，也就是正月十四日、十五日、十六日三天。唐代的吴越王钱镠（liú）有一次向朝廷进贡时，希望朝廷可以延长两天张灯的时间。朝廷果然应允，让各部门在正月十七日、十八日接着放灯，把张灯的时间延续两天。

在夜晚观灯虽然很美，但古代的夜晚有宵禁，除了规定的特殊情况外，禁止人们在晚上出门闲逛，否则就要受到处罚。不能出门赏灯，上元节的花灯风景不就无人欣赏，岂不会白白浪费？其实，正月十五日及前后两天"金吾不禁"，朝廷规定，这三天晚上会放松宵禁的禁令，叫作"放

夜"。为什么叫"金吾不禁"，而不叫"上元不禁"呢？因为执金吾是古代的警卫队，负责宫廷以外、京城之内的警卫工作，管理中央武库，负责皇帝出巡时的护卫仪仗，宵禁工作自然也由他们负责。执金吾保卫宫城，日常巡逻，刚强、帅气又洒脱，连东汉皇帝刘秀都说："仕宦当作执金吾，娶妻当得阴丽华❶。"

正月十六"耗磨日"，正月二十"天穿日"。"耗磨日"这一天，人人都喝酒，官府严禁在这天开库房。"天穿日"这一天，人们用红绳拴着饼一类的食物扔到屋顶上，叫作"补天"。从这些节日中，可以看到古代人们对新的一年的期许和盼望。

正月有两个节气，一个是立春，一个是雨水。

立春，是二十四节气的第一个节气，时间一般在农历正月中旬，阳历2

---

❶ 阴丽华：汉光武帝刘秀的皇后，以美丽著称。

月3日、4日或5日，我国习惯上以立春作为春季的开始。立春之后，气温回升，农人开始为春耕做准备。

雨水，是二十四节气的第二个节气，时间一般在农历正月下旬，阳历2月18日、19日或20日。此时，春风送暖，冰雪消融，雨水渐渐增多，越冬作物渐渐变绿。南方有的地区会出现阴雨天气，气温仍旧偏低且阳光不足，但北方因为冬季干燥，春季风又偏大，所以升温较快，容易引发旱情。

二十四节气相当于古代的农业作息表，每个节气对应什么气候，应该做什么安排，农人都能如数家珍，一一道来。所以想要了解古人四季都在做什么，二十四节气是必须要了解的。

二月春风似剪刀——如月❶

踏破正月，来到二月，春雷响动，惊蛰到来，春耕时节，万物复苏。

唐朝贞元五年（公元789年），在李泌❷的倡导下，二月初一被定为中和节。中和节时，寒气渐消，宋代大诗人杨万里就在《二月一日郡圃寻春》诗中说："中和节里半春天，一拂清寒半点暄。"中和节到来，意味着春暖渐近、寒气渐消，人们用不同的方式来进行庆贺。百姓会在这一天用青布袋装上各种谷物瓜果互相馈赠，称为"献生子"；乡里在这一天酿造"宜春酒"，用来祭祀句芒神，希望主管树木发芽生长的句芒神保佑乡里有个丰年；百官在这一天向朝廷进献有关农事的书，表示朝廷致力于农业，以农为本。

---

❶ 如月：农历二月的雅称。

❷ 李泌：唐代大臣，玄宗时为待诏翰林、东宫供奉，安史之乱起以宾友身份参议国事，权逾宰相。

农历二月春暖，百花陆续开放，因此人们把花神的生日定在了这个月。花神的生日，又叫作"花朝节"或"花朝"。"花朝节"的具体日期有多个版本，有二月初二、二月十二、二月十五等不同的说法。花朝节这一天，百花竞放，是最适合外出游览春光的时节了。不过，忧愁的人看美景会更忧愁，白居易的《琵琶行》中这样描述："春江花朝秋月夜，往往取酒还独倾。"在春江边，吹着春风，看着美景，自斟自酌，人生的如意不如意都在其中了。

但愁苦是短暂的，快乐才是人类永恒的追求。在古代，"花朝节"这一天，江苏一带会组织种花、赏花、赏红等活动，河南开封一带会举办扑蝶会，年轻男女在此时相聚，或赏花、饮酒，或扑蝶为戏。虽然各地物候不同，节俗活动也有所差异，但欣赏春日风光的兴致却都是一样的。

　　二月的两个节气，一个是惊蛰，一个是春分。

　　惊蛰，从春雷声中走来，是二十四节气中的第三个节气，时间在每年农历的二月中旬，阳历的3月5日、6日。蛰，是蛰伏的意思。惊蛰之时，春雷响动，藏在泥土中过冬的虫子受惊后就爬出来活动了。此时，南方暖湿空气活跃、北方冷空气南下，寒气消散，春耕的时节也就到了。可以说，惊蛰的春雷就是春耕的信号。

　　春分，是二十四节气的第四个节气，时间在农历二月下旬，阳历的3月19日、20日、21日或22日。春分，既不是春的开始，也不是春的终点，而是春的中间节点。春分时节，全球昼夜几乎一样长。之后，北半球的白昼时间渐渐变长，黑夜渐渐变短，气温慢慢升高，我国大部地区的越冬作物进入春季的生长阶段。

在重要节气到来时，古人都会有相应的祭祀活动，三国时期的魏文帝曹丕就定下了在春分这天杀鸡祭祀亡魂的制度。

三月桃花十里香——桃月❶

来到桃花盛开的农历三月，首先遇到的就是上巳节。古代以农历三月上旬巳日❷为"上巳"，魏晋以后改为三月三，因此三月三就成了上巳节。

汉成帝时，上巳节这一天，不管官员还是百姓，都在向东而流的水上把自己清洗干净，洗去素日尘垢，这个过程称为"祓禊"。"禊"是"洁净"的意思，"巳"是"止"的意思，因此清洁自身、驱走邪恶和疾病、祈求福气的到来，成为上巳节的传统。

---

❶ 桃月：农历三月的雅称。

❷ 上旬巳日：一个月前十天的巳日这一天。古代一个月分上、中、下三旬，每旬有十天；巳是用来记日的符号。

唐朝举行"祓禊"仪式时，官员等要赐给侍从细柳圈，并说："戴上它，就可以驱除所有的虫毒和瘟疫了。"现在的小孩在清明节戴柳圈的习

俗就是从那个时候开始的。

而洛阳的女子会在上巳节这一天，用荠菜花蘸着油，把它洒在水面上，如果水面出现龙凤花样的图形，就说明吉利，这在古代叫作"油花卜"。

除此之外，三月三的上巳节还有两项浪漫的活动，一个是曲水流觞，另一个是外出踏青。

上巳节举行曲水流觞的活动，开始于晋代。这一天，朝廷会在曲江赐宴，众人一起流觞曲水，在春风中开怀畅谈，在江边祭祀、喝酒。最知名的曲水流觞活动当属王羲之发起的兰亭雅集。当时王羲之召集了一批名人雅士和家族子弟，在会稽山阴举办了一场大聚会。这些人饮酒赋诗、开怀畅饮，好不潇洒。

踩踏青草，叫作踏青。王观❶曾作词："结伴踏青去好，平头鞋子小双

---

❶ 王观：宋代词人。

鸾。"因此，就连皇帝身边的侍臣，也会在上巳节向皇帝呈上踏青的鞋子。看来曲水流觞、外出踏青在古代是非常受欢迎的全民活动啊。

有一个和上巳节挨得非常近的节日，是寒食节。相传，春秋战国时期的晋文公重耳做了君主之后，对那些曾经和自己同甘共苦的臣子大加封赏，唯独忘了介子推。有人便在晋文公面前为介子推叫屈。晋文公猛然想起往事，心中愧疚不已，立马让人去请介子推来宫中接受封赏。可介子推就是不来，晋文公只好亲自去请。但介子推已经背着老母躲进绵山，不愿意见晋文公。晋文公命人找遍绵山，也找不到介子推，有人便出主意说："不如放火烧山，留下一个出口，到时候介子推就会自己从这个出口走出来了。"于是，晋文公下令烧山。没想到大火烧了三天三夜之后，也没有见到介子推出来，众人上山一看，只见介子推母子抱着一棵烧焦的大柳树，已经死了。晋文公看着介子推的尸体痛哭不已。

为了纪念介子推，晋文公下令把绵山改为"介山"，并在上面建立祠堂，还把大火烧山这一天定为寒食节，从清明节的前一天起，一般三天不生火做饭，只吃寒食。

寒食节禁火期间，要把前一年的火全部灭掉。皇帝还会把新的火种赐给近臣，以示恩赐。

寒食这种说法，也许并不是晋文公自己发明出来的，因为寒食节的很多习俗在晋文公以前就有了。比如，周代规定春末时节要举行雕卵比赛也就是在鸡蛋上雕花的活动，并开展寒食节的其他游戏活动。晋文公之后，唐代也有跳秋千舞、祭扫的活动。

春季是一个赏花、护花、玩花的季节。

唐睿宗的长子宁王李宪，在春天的时候会用红线拧成绳，拴上金铃，绑在花枝上，一旦有鸟雀落下，守园人就会拉动绳索，金铃的响声就会把鸟儿们吓跑，这种金铃被人们称为"护花铃"。

　　长安城盛行游赏，会在春天的时候举办斗花大赛，男女都喜欢参加，并以栽种珍奇品种为佳，甚至不惜花重金购买名花，以备春天斗花之用。

　　开元年间，富贵人家会在春天把各种花移植到木槛（类似花盆）里，装上轮子，再用彩带装饰，牵引着供人观赏，叫作"移春槛"。

　　北宋的蜀郡公范镇，住在许州的时候，建造了长啸堂，堂前有荼蘼花。每到荼蘼花开，他都会宴请客人，荼蘼花落到谁的酒杯中谁就喝一大杯，在座的客人没有一个躲过去的，这宴会就被人称为"飞英会"了。

　　农历三月的两个节气，一个是清明，一个是谷雨。

　　清明，是二十四节气的第五个节气，时间在每年农历的三月上旬，阳历的4月4日、5日或6日。清明的意思是清洁整齐，此时大自然清净、明朗。但由于南方的暖湿气流日趋活跃，与不时南下的冷空气交汇，雨水会比较多，就有了"清明时节雨纷纷"的景象。清明节这一天，扫墓祭祖、慎终追远是最重要的活动。

　　谷雨，是二十四节气的第六个节气，时间在每年农历的三月下旬，阳历的4月19日、20日或21日。谷雨之后，天气趋暖，雨水增多，有利于谷类作物的生长，因此还有"雨生百谷"的说法。此时是北方春播作物播种、出苗的重要时节，而江淮流域也在抓紧时间播种棉花。做好耕种工作，是保障丰收的基础，因此谷雨前后有个良好的气候显得尤为重要。

　　总体来说，春季是古代奉行"生而不杀"的季节，一般不组织狩猎，也不会轻易执行死刑，让万物自由地生长。人们只会在这个季节辛勤地耕作，纪念逝去的先人，怀着感恩的心亲近自然，在春光里感受生命的美好。

大开脑洞

　　重耳给介子推的赏赐是他应得的，为什么介子推宁愿被火烧死，也不愿出山领赏呢？如果你是介子推，你会怎么做？

长知识了

1 **孟春**：春季的第一个月，即农历正月。

2 **仲春**：春季的第二个月，即农历二月。

3 **季春**：春季的第三个月，即农历三月。

4 **流觞**：觞，酒杯。在古代，每年三月初三，人们相约在一起，坐在弯曲的水渠旁集会。他们在流水上放置酒杯，任凭酒杯顺流而下，酒杯停在谁的面前，谁就取来饮用，因此取名"流觞"。

5 **避讳**：封建时代，对于君主和尊长的名字，为表示尊敬，避免说出或写出某字而改用他字的情况。例如，苏轼的祖父名"序"，苏轼作序时常常改"序"为"叙"或"引"，避免使用祖父名字里的"序"字。

6 **四离四绝**：春分、秋分、冬至、夏至四个节气的前一天，叫作"四离"。立春、立夏、立秋、立冬四节气的前一天，叫作"四绝"。

7 **节水**：正月叫"解冻水"，二月叫"白水"，三月叫"桃花水"，四月叫"瓜蔓水"，五月叫"麦黄水"，六月叫"山矾水"，七月叫"豆花水"，八月叫"荻苗水"，九月叫"霜降水"，十月叫"复槽水"，十一月叫"走凌水"，十二月叫"咸凌水"。

8 **节气**：立春正月节，雨水正月中；惊蛰二月节，春分二月中；清明三月节，谷雨三月中；立夏四月节，小满四月中；芒种五月节，夏至五月中；小暑六月节，大暑六月中；立秋七月节，处暑七月中；白露八月节，秋分八月中；寒露九月节，霜降九月中；立冬十月节，小雪十月中；大雪十一月节，冬至十一月中；小寒十二月节，大寒十二月中。

夜航船驿站

花裀（yīn）

裀，垫子。东汉有一个学士名叫许慎，他性情疏阔豁达、不拘小节。春天的时候，许慎在家中宴请亲友。家里没有准备供大家坐的椅子，也没有乘凉的帐篷。许慎说："我家有花做的垫子，可以提供给大家坐。"于是让仆人把大家带到花圃，只见花圃中绿草如茵、花香四溢，众人都高高兴兴地席地而坐，跟随许慎亲近自然，感受和煦的春风。后来，人们以此为文人旷达自适之典。

梅花点额

南朝宋武帝之女寿阳公主，有一天她躺在含章殿的廊檐下午睡，一朵梅花落在她的额头上，将公主衬托得越发娇俏、可爱。于是宫中女子纷纷效仿起来，或者用梅花，或者用金箔剪成花瓣的模样，贴在额间作装饰，这样的装饰也叫梅花钿。这种装扮后来流传到民间，引得女孩子们纷纷效仿，流行一时。

06

夏的圆舞曲：仲夏苦夜短，开轩纳微凉

烈日炎炎，荷叶淡淡，时有暴雨；天亮得早、黑得晚，农人早起晚睡，忙于耕作；蝉鸣声声，植物舒展枝叶，动物也成群地外出，繁衍生息，这就是夏天的物候景象。夏天有立夏、小满、芒种、夏至、小暑、大暑6个节气。

四月萤火绕梁飞——槐月[1]

农历的四月，树木郁郁葱葱，槐树绽放着黄白色的花，因此这个月又叫作"槐月"。宋真宗是古代很爱自创节日的皇帝，他将四月初一这一天定为"天祺节"，有借助上天的瑞气以镇四方、保佑国家太平安宁的意思。

"天祺节"之后，会迎来四月初八的浴佛节，这是纪念佛教创始人释迦牟尼的节日。相传，四月初八是释迦牟尼诞生的日子，他出生的时候天生异象，有九条龙口吐香水来为他洗浴。释迦牟尼原本是一个王子，他29岁时感受到人在世间生、老、病、死等各种苦恼，于是出家修道，遍访名师，最终在菩提树下静思得道，创立佛教，告诉世人如何脱离苦海。因

---

[1] 槐月：四月的雅称。

此，每年四月初八，佛教徒都会举行盛大的诵经活动，并为释迦牟尼像洗浴，用来纪念他。佛教虽然传自古印度，但对我国影响深远，因此浴佛节在我国是一个重要的节日。南北朝时期的《荆楚岁时记》❶一书中就说：四月初八要斋戒，要办龙华会，还要为佛洗浴。不仅如此，古人还养成了在浴佛节这天放生的习俗。

农历四月的两个节气，一个是立夏，一个是小满。

立夏，是二十四节气的第七个节气，时间在每年阴历四月上旬，阳历5月5日、6日或7日。古代一般将立夏作为夏季的开端，此时气候温暖，农作物生长逐渐旺盛起来，田地里的庄稼也需要精心管理、认真除草，因此谚语有"立夏三朝遍地锄"的说法。

小满，是二十四节气的第八个节气，时间在每年农历四月的中下旬，阳历5月20日、21日或22日。小满节气时，北方的小麦颗粒逐渐饱满，江南的大麦进入成熟期，是小有收获的时节。但如果北方种小麦的地区在这个时候出现干热风现象，也就是高温、低湿同时出现，并伴有一定的风，就会导致小麦秕粒严重，甚至枯萎死亡。因此，农作物最终能不能有好的收成，还要看小满前后的天气状况是否良好。小满，是二十四节气中最富有哲理的节气。"满招损，谦受益。"古人的智慧便体现在其中。

五月雨晴梅子肥——忙月❷

农历五月，是格外繁忙的季节，农人不是在抢收就是在播种，文人士大夫也喜欢去野外活动，因此这个月又叫作"忙月"。

五月初五是我国的传统节日——端午节。关于这个节日的起源有不

---

❶ 《荆楚岁时记》：我国最早记录楚地岁时节令、风物故事的笔记体文集。

❷ 忙月：五月的雅称。

同的说法，大多认为它起源于楚地，人们用这个节日来纪念屈原。屈原是战国时期楚国的爱国诗人，在楚顷襄王被放逐、国家内部腐败不堪的情况下，他感到救国无门，于是在五月初五这一天投到汨罗江[1]中，悲痛自杀。

楚地人被屈原悲壮的行为感动，纷纷在五月初五这一天，将食物扔到汨罗江中进行祭祀。传说，楚地有个叫欧回的人，他在祭祀的时候看到了屈原的灵魂，屈原跟他说："大家祭祀的食物大多被蛟龙夺走了。食物一定要用楝树叶包住，再用五彩线捆绑好，才能避免被蛟龙夺去。"所以，人们便用这个方法做了我们今天吃的粽子，并用它来祭祀屈原。唐代天宝年间，宫中会在端午节这一天做粉团，然后用小角弓射它，射中的人才可以吃，因此粽子在那时又被叫作"角黍"。

楚地人还在端午节这一天举办赛龙舟的竞渡活动。人们在江面上竞相划动龙舟，企图驱赶江中蛟龙，表达他们想要赶去拯救屈原的愿望。屈原在《离骚》中，表达他对兰花的高洁品行的追求。所以，人们还会在五月初五这一天采摘兰花，用来熏香沐浴，叫作浴兰汤。楚地人的行为表达了他们对屈原的敬重和爱戴，这种情绪感染了各个地方的人，于是端午节就传播开来，成为我国

---

[1] 汨罗江：在湖南省东北部，自汨罗市长乐街以下可通航。

重要的传统节日，很多地方也有了在这一天吃粽子、赛龙舟的习俗。

还有一种说法认为，端午是由夏商周时期夏至的节日演变而来的。因为这个时节，蛇虫鼠蚁比较多，而且容易暴发瘟疫，人们便以喝雄黄酒、在小孩子的衣襟上系香袋、在胳膊手腕上挂绳、头戴钗头符[1]、在门头插艾草等方式，来驱赶毒虫、攘除灾疫。

可以说，端午是古代驱攘灾病、祈求安康的节日。这一天，把彩色的丝线绑在胳臂上，可以躲避刀兵和鬼怪的伤害，让人避免生病，这种丝线还被叫作"续命缕"；用"五瑞"，也就是石榴、葵花、菖蒲、艾叶、黄栀花插在瓶中，用来辟除不祥的东西；皇家会在这一天在画布、袍子、扇子上画"五毒"，也就是蛇、壁虎、蜈蚣、蝎子、蟾蜍的画像，用来辟瘟气。

看来古人的生活也不容易，为了躲避灾害，处处用心。相对于各种攘灾辟邪的行为，士大夫们的选择就另辟蹊径，他们会在端午这一天去郊野

---

[1] 钗头符：端午节避邪用的一种头饰。

或练兵场骑马比赛射箭，这个比赛活动也叫作"蹋（jí）柳"。蹋柳，是骑马飞驰的时候用箭射柳，这是古代骑术中的一种。可见端午是众人积极活动起来的节日，直到今天，它仍旧是一个重要的节日。

农历五月的两个节气，一个是芒种，一个是夏至。

芒种，是二十四节气的第九个节气，时间在每年农历五月，阳历6月5日、6日或7日。此时，麦类等有芒作物已经黄熟，晚谷、黍、稷等夏播作物也需要及时抢种，江南的春雨基本结束，梅雨尚未到来，晴多雨少，正是夏收夏种的时节，因此芒种也称忙种。

夏至，是二十四节气的第十个节气，时间在农历五月下旬，阳历6月21日或22日，这一天北半球白天最长、夜间最短。夏至时节，南方的暖湿空气与北方南下的冷空气交汇于江淮流域，形成梅雨带，有些地方会因为雨量大、雨日多，出现阵雨或暴雨现象，致使江河水涨，因此需要严防洪涝灾害。但因为雨水、光照充足，此时农作物生长旺盛，杂草、病虫也随之而来，田间地头呈现出一片生机勃勃的景象。

从夏至开始，意味着酷暑将至，古人根据经验感受，编出"夏至数九"歌来表达自己对气候变化的身体感受。

一九和二九，扇子不离手。

三九二十七，饮水甜如蜜。

四九三十六，拭汗如出浴。

五九四十五，头带黄叶舞。

六九五十四，乘凉入佛寺。

七九六十三，床头寻被单。

八九七十二，想着盖夹被。

九九八十一，家家打炭墼（jī）。

六月火云烧万里——荷月❶

进入农历六月，首先迎来的是六月初六的天贶（kuàng）节，这个节日起源于北宋。据说，有一年六月初六，宋真宗声称上天给了他一部"天书"，便将这一天定为天贶节，还在泰山脚下建造了一座天贶殿，以便祭祀。

天贶节这一天，人们会吃一种用面粉掺和糖、油制成的糕屑，并相互道喜，家家户户都会把衣物拿到太阳下晾晒。相传，玄奘西天取经回来，不慎将经书落到了海中，捞起来晒干了才保存下来，后此日变成吉利的日子，到这一天寺院就会将经书拿出来翻检暴晒。被子、衣服什么的晒一晒是有利于健康的，古人合理地利用时节之下的气候条件，将暴晒衣物这件事情做得极有仪式感。

农历六月有两个节气，一个是小暑，一个是大暑。

---

❶ 荷月：六月的雅称。

小暑，是二十四节气的第十一个节气，时间在每年农历的六月上旬，阳历的7月6日、7日或8日。暑，就是热的意思。小暑时节，我国大部地区就进入了炎热期，黄河流域正是忙着收割小麦的时候，于是便有了谚语"七月小暑大暑连，抢收小麦莫迟延"。

大暑，是二十四节气的第十二个节气，时间在每年农历的六月下旬，阳历的7月22日、23日或24日。大暑时节，一般是我国一年中最热的时候，秋熟作物生长迅速，也是防暑、防汛、抗旱的关键时期。

总之，整个夏季注定是一个生长、壮大的季节，它就像一个人的青壮年时期一样，热情有力，是开展生产活动的重要时节。人们在这个时节生产劳作，然后等待秋天的丰收。

长知识了

1 **孟夏：** 夏季的第一个月，即农历四月。

2 **仲夏：** 夏季的第二个月，即农历五月。

3 **季夏：** 夏季的第三个月，即农历六月。

4 **三伏天：** 伏，意思是天气太热，宜伏不宜动。三伏分为初伏、中伏和末伏三个阶段，一般出现在小暑与处暑之间，是一年中气温最高、又潮又闷热的时段。有些年份的三伏天是30天，有些年份的三伏天是40天。入伏之后，全国很多地区将会进入持续高温的状态当中。

夜航船驿站

⭐ 赐肉

西汉时期，有一位大臣叫东方朔。一个夏天，汉武帝下诏给各位大臣赐肉。大臣们都高兴地来到准备赐肉的地方，可是等了半天，等得都快中暑了，负责分肉的人还是没有出现。这时，东方朔走上放肉的台子，拔出剑割下一块肉来，转身对同僚说："大热天的，应该早点回去，就让我先接受皇上的赏赐吧！"说完，提着肉走了。事后，原本负责分肉的人状告到汉武帝那里，说东方朔不守规矩。于是，汉武帝把东方朔叫来，问："你怎么不等命令，就擅自分肉呢？"东方朔赶紧恭敬地跪地谢罪。汉武帝也不想苛责他，就让东方朔起来，说："你自己反省反省吧！"东方朔马上又跪下来，说："我反省过了。我接受赏赐，却不等上面的命令，真是没有礼貌；自己割了肉就走，真是太豪迈了；有那么多肉，却只割一点点，真是太谦逊了；把肉带回家就交给妻子，真是太乖巧了。"说完还不忘自我感觉良好地叹了口气。汉武帝被他的样子逗笑了，没见过自我反省还能这么夸自己的人。

⭐ 赐枭羹

在古代，猫头鹰大多数时候被视为"恶鸟"，受到人们的厌恶。汉代时，朝廷会让各个郡国进贡猫头鹰，还在专门辟邪的端午节这一天拿来做汤赐给百官，寓意是吃了它就像消灭了恶一样，可以驱除各种邪事。不过，猫头鹰现在属于国家二级保护动物，禁止出售、收购。

07

秋的奏鸣曲：梧桐一叶落，
天下尽知秋

天气逐渐冷下来，一阵阵秋风扫落树梢的叶子；夜里一天比一天凉；地里的庄稼尽收，人们把粮食储存起来，进入农闲时节；动物跑回自己的巢中，藏起来准备过冬，这就是秋天的物候景象。秋天有立秋、处暑、白露、秋分、寒露、霜降6个节气，天气由炎热到清爽、由清爽到寒凉，人们感受时节变化，庆祝丰收和团圆。

七月西风十指凉——巧月[1]

农历七月，又称"巧月"。巧月的说法，来自七夕节。七夕，是每年农历的七月初七。关于这一天，有一个美丽的神话传说。

相传，天上有一对情侣——牛郎和织女。他们分居在银河两岸，日夜思念，但只能在每年的农历七月初七这一天跨越银河，在鹊桥上见一面。牛郎、织女为什么不能住在一起呢？

织女是天帝的第七个女儿，能织出锦绣天衣。有一天，她认识了牛郎，与牛郎相爱。可是天庭有规矩，神仙不能相爱，于是王母娘娘把二人拆散。尽管如此，还是没能阻止牛郎和织女的缘分，他们又见面了。就在牛郎准备追着织女飞到天宫的时候，王母娘娘愤怒地赶来，拔下头上的金钗一划，划出一条银河，把牛郎和织女分隔在银河两岸。两个人日夜思念彼此，哀痛不已。他们的爱情感动了天上的喜鹊，于是喜鹊纷纷在七月初七这一天，从遥远的地方飞到银河搭起一座桥，让织女和牛郎见上一面。

牛郎织女的爱情故事，在人间广为流传。每到七月初七的夜晚，女孩子们就在月光下摆上时令瓜果，朝天祭拜，乞求天上的女神能赋予她们聪慧的心灵和灵巧的双手，让自己拥有娴熟的女红技艺，并乞求拥有美好的爱情、婚姻。这种行为叫作"乞巧"，因此七夕节也叫乞巧节，是人们祈

---

❶ 巧月：七月的雅称。

求美好爱情的节日。

唐代有一个叫薛瑶英的美女，她会在七夕节这一天，用淡雅的彩绸剪出上千朵并蒂莲，染色之后在中午的时候放到院子里，让它们随风飘上天空。这些彩色的花朵就像彩云一样，良久才飘散而去。因此，这种花也被叫作"渡河吉庆花"，可以借用它来"乞巧"。

农历七月有一个非常重要的节日——中元节。中元节，是一个惦念逝去亲人的节日。古人相信，逝去的亲人并没有完全消失，他们只是去了另一个世界。每年的七月十五，那个世界的大门就会打开，逝去的亲人有机会来到人间。人间的亲人会准备好食物祭祀他们，给他们烧一些纸做的衣物，让他们带去那个世界，生活得好一些。可以说，中元节是对活着的人最好的心理补偿，让他们有机会表达对逝去亲人的思念之情。

佛教在中元节期间会有一个仪式，叫作盂兰盆会，也叫盂兰会。据说，释迦牟尼十大弟子之一的目连尊者，曾看到自己的母亲落入饿鬼道，于是用钵盂盛饭喂母亲，但饭一进到母亲的嘴里就变成了灰炭。目连尊者便向佛祖求救，佛祖就让他在七月十五日这一天准备百味饮食，供养十方僧众，并为饿鬼念经。目连尊者的母亲这才从饿鬼道中脱离出来，不再受苦。梁武帝时期，便根据这个佛教故事创设了盂兰盆会。

农历七月有两个节气，一个是立秋，一个是处暑。

立秋，是二十四节气的第十三个节气，时间在每年农历七月中上旬，阳历8月7日、8日或9日，我国习惯上以立秋为秋季的开始。立秋之后，炎热的天气有所缓和，但有时候高温不让三伏天，这种高温天气俗称"秋老虎"。这个时候，海上台风现象增多，需加强防汛、防台风工作，内陆则可能出现旱灾，需要注意抗旱的问题。

处暑，是二十四节气的第十四个节气，时间在每年农历七月下旬，阳历8月22日、23日或24日。处，是止的意思。处暑，意思是暑气到此而止。处暑的时候，最热的天气已经过去，北方的冷空气南下次数开始增多，气温急剧下降，气候转凉。此时，北方大部地区雨量慢慢减少，谷子、春玉米、高粱等先后成熟收割，棉花也开始采收，但江南雨势增强，且多阵雨。

八月秋高风怒号——桂月[1]

农历八月，桂花飘香，因此八月又被称作桂月。八月，正值金秋，是收获的季节，人们会在这个月庆祝丰收，同时祈求安康。在八月十四日这一天有一个习俗，就是用红色的墨水在孩子的额头上点一个点，叫作"天炙"，古人认为这种行为可以祛除病灾，为孩子们阻挡厄运。

过了八月十四日，来到农历八月十五日，又明又圆的月亮好像在暗示这是一家人团聚的日子，于是就有了专供家人团聚的节日——中秋节，又称"团圆节"。古人会在中秋节这一天，准备瓜果、月饼、美酒等，举

---

[1] 桂月：八月的雅称。

办拜月仪式。祭拜之后，一家人围坐在院子中，边赏月，边吃美食、饮美酒，分享秋收的喜悦。

"中秋"这个词最早出现在《周礼》这本书中，到唐代才成为一个固定的节日，到宋朝时盛行开来，明清时期成为我国仅次于春节的第二大传统节日。拜月、赏月、舞火龙、玩花灯，是古代中秋节的几项重要活动。人们在劳作大半年之后、寒冬到来之前，热热闹闹地团聚在一起，放松心情，赏玩游乐。总地来说，中秋是阖家团圆、庆祝丰收的日子。

唐末九华山有一个道士，名叫赵知微，很多人都说他懂仙术。有一年中秋节，阴云不散，月亮也看不见，大家难过得不得了，纷纷感到惋惜。赵知微看了之后，说："走，我们带上酒菜，去天柱峰赏月！"没想到，他们出门之后，阴云就散去了，天柱峰上的月色亮如白昼。众人一起饮酒，直到月亮落下才下山。下山之后，众人发现天空仍旧阴云密布，甚至还下着小雨。赵知微真是个厉害的道士，不知道他是不是真有仙术？

农历八月的两个节气，一个是白露，一个是秋分。

白露，是二十四节气的第十五个节气，时间在农历八月中旬，阳历9月7日、8日或9日。白露时节，大部分地区气温下降，昼暖夜凉，露凝而白，因此命名。某些年份的白露时节，北方的冷空气频繁南下与南撤的暖湿气流交汇，在江淮一带形成连续的雨带，俗称"白露雨"。云贵川等地，由于高山屏障，"白露雨"现象增强，会形成久雨不晴的"滥白露"现象。如果"白露雨"时间过长、雨量过多，对农作物生长是不利的，它会影响晚稻的抽穗、结实，以及棉花的采收和翻晒工作。

秋分，是二十四节气的第十六个节气，时间在农历八月下旬，阳历9月22日、23日或24日。秋分之后，北半球气温逐渐下降，北方冷空气势力增强、活动增多，雨量明显减少，天空秋高气爽，气候宜人。此时，北方秋收秋种，江南正值晚稻抽穗的扬花期。

八月，应该是农人最高兴的时节了，人们在这个月庆祝团圆、庆祝丰收，将粮食囤积起来，准备过冬。

九月降霜秋早寒——菊月❶

农历九月，菊花金黄，洒落满地，因此九月又叫"菊月"。九，是个位数中最大的整数，古人认为这是一个又重要又尊贵的数字，为最大的阳数，因此每年的九月九日就更加重要，古人把这一天定为重阳节，又称"茱萸节""登高节"。

传说，汉代有一个仙人，名叫费长房。有一天，费长房对他的弟子桓景说："九月初九那一天，你的家里有大难。如果你能用红色的袋子装上茱萸，挂在胳膊上，登到高山上，并饮用菊花酒，就能避免灾祸。"桓景按

❶ 菊月：九月的雅称。

照师父的话去做了，到晚上回来的时候，家里的牲畜都已经暴毙了。费长房说："是它们代替你们受难了。"于是，人们在九月初九这一天养成了登高、赏菊、插茱萸、喝菊花酒等习惯。

其实，茱萸是一种植物，有浓烈的香味，可入药，古人认为它可以祛邪辟恶。或许费长房是看到时节变化，感觉有山瘴毒气会在这一天涌动出来，才让弟子一家佩戴茱萸，爬到高处，喝菊花酒暖身、提高免疫力。

在汉代宫廷中，菊花开的时候，宫女们会把菊花的花瓣、叶子和茎摘下来，用黍米搅拌均匀之后，酿成菊花酒，直到第二年九月初九才拿出来喝掉。据说，有个叫贾佩兰的宫女，她喜欢喝茱萸菊花酒，而且寿命很长，因此人们认为茱萸菊花酒可以让人长寿。

古代文人，喜欢在九月初九这一天，借着登高，边欣赏美景边饮酒作诗，抒发胸怀。就连南朝宋武帝刘裕还在彭城做宋公的时候，就喜欢在九月九日重阳节这一天游览项羽戏马台。杜甫的《九日》诗中也有"重阳独酌杯中酒，抱病起登江上台"的诗句，将诗人抱病之躯、孤独惆怅之感写得入木三分。

东晋著名诗人陶渊明，官路坎坷，常常过着隐逸生活，他喜欢在自己的房屋周围种上菊花，有"采菊东篱下，悠然见南山"的千古名句。有一年的九月初九重阳日，菊花和美景都有了，可偏偏缺了酒。就在陶渊明采了满满一把菊花，坐在道旁感受秋风的时候，有一位男子提着酒来了，原来是王弘来送酒。王弘任职江州刺史，他非常钦佩陶渊明的人品和诗赋，经常带着陶渊明爱喝的酒去看望他，两人边饮酒边交谈，常常喝得大醉，王弘才会离去。

农历九月的两个节气，一个是寒露，一个是霜降。

寒露，是二十四节气的第十七个节气，时间在农历九月中旬，阳历10月7日、8日或9日。寒露时节，秋高气爽、露气寒冷，昼夜温差大，早上和晚上可以在草木之上看到露珠，个别年份在强冷空气的影响下，会出现"寒露风"的现象。"寒露风"对江南和华南地区正在抽穗、扬花、灌浆的晚稻危害很大，可能会致其空粒或瘪粒，致使减产。

霜降，是二十四节气的第十八个节气，时间在农历九月下旬，阳历10月23日或24日。霜降时节，强冷空气侵入，气肃而凝，露结为霜。此时清冷的气候，往往引人遐思，无数诗人就着这种背景基调赋诗，有的凄清苦楚，有的沉郁顿挫；也有人被这寒凉激起斗志，思绪开阔昂扬。比如李商隐的《霜月》。

这首诗借神话传说写深秋月夜的景色，展现出一种冷艳、空灵之美，全然扫去寒霜之冷、深秋惨淡的寒苦形象，引人深思。

霜 月

李商隐

初闻征雁已无蝉，百尺楼高水接天。
青女素娥俱耐冷，月中霜里斗婵娟。

所谓"一场秋雨一场寒，十场秋雨要穿棉"，到此凉爽的秋天即将过去，寒冬即将到来，人们准备冬衣、富足粮仓，尽可能地为过冬做准备。

长知识了

❶ 孟秋： 秋季的第一个月，即农历七月。

❷ 仲秋： 秋季的第二个月，即农历八月。

❸ 季秋： 秋季的第三个月，即农历九月。

❹ 上元、中元、下元： 上元正月十五日，天官赐福；中元七月十五日，地官赦罪；下元十月十五日，水官解厄。

❺ 饿鬼道： 佛教把众生世界分为天、人、阿修罗、地狱、饿鬼、畜生六类，称为六道，众生根据各自的善恶行径，在六道中沉浮，轮回不息。饿鬼道属于六道之一，又叫作饿鬼趣。佛经中说，人生前如果贪恋、做坏事，死后就要堕入饿鬼道，受尽饥渴之苦，不得饮食。

❻ 女红： 也叫作"女工""女功"，指妇女纺织、刺绣、缝纫等方面的事情。

❼ 梭子： 梭织机上用以引导纬纱，使其与经纱交织的器件，外形一般为两端呈圆锥形的长方体，体腔中空，大小一般根据织机所需而定。

夜航船驿站

得金梭

相传，古代蔡州有一个姓丁的女子，她非常喜欢女红，而且女红做得非常好。每年七夕，她都会准备瓜果酒水，以此来祈求天上的织女赐给她更好的技艺。有一次，她祭拜之后就回房了。回房之后，她看见一颗流星从天空滑落，落到了她放在院中祭祀用的桌面上。第二天，她在桌面的瓜果盘上看到了一枚金梭子。从此以后，丁姓女子的女红技艺越发巧妙。

阮咸晒衣

阮咸是魏晋时期的名士，"竹林七贤"之一，他精通琵琶，虽然贫寒，但是为人豁达又风趣。有一年七月初七，阮家的其他人热热闹闹地把自己的衣服拿到院子里晾晒，这些衣服都是绫罗绸缎，铺展开来华美至极。阮咸看着大家热闹的样子，转身进屋拿出自己的粗布袍子，用长竿挑着放在院子里晒起来，还得意扬扬地说："大家都在晒衣服，我也不能免俗，就一起晒晒吧！"阮咸真是个有趣的人。

郝隆晒书

郝隆是东晋名士，他博学多才，幽默诙谐，其为人处世之道受到历代文人雅士的称赞。七月初七这一天，家家户户都在晒衣服。郝隆看到富贵人家晾晒出来的锦衣华服，于是自己也站到太阳底下，然后仰面躺了下来。周围的人好奇地看着他，问："你干吗，这样大咧咧地躺在太阳底下？"他不以为然地说："我满腹诗书，当然要晒一晒啊。"郝隆真是奇思妙想，竟然用这种方式晒书。

08

冬的"合家欢"：晚来天欲雪，能饮一杯无？

天气越来越寒冷，地面渐渐结冰；动物冬眠，燕子飞回南方过冬；玻璃窗上结了冰花，河面被冻结；万物都潜藏起来，人们也穿上了棉袄，这就是冬天的物候景象。冬季有立冬、小雪、大雪、冬至、小寒、大寒6个节气。经过一年的忙碌，农人将一年的收获储存在粮仓中，热热闹闹地度过最后一个季节。

十月芙蓉花满枝——孟冬[1]

农历十月是冬季的第一个月，也叫作孟冬。孟冬时节迎来的第一个节日，是农历十月初一的寒衣节。寒衣节流行于北方，人们会在这一天烧些纸钱、纸衣祭祀祖先，希望他们不要受寒。寒衣节和清明节、中元节合称三大"鬼节"，都是祭祀逝去亲人的日子，而寒衣节这一天之后天气会更冷，就着重强调了烧衣物"送温暖"的习俗，这也可能是寒冷的北方普遍过寒衣节，而温暖的南方很少过寒衣节的原因。

寒衣节，又叫"十月朝"。关于这一天，宋代规定：第一，要祭拜祖坟；第二，民间要开暖炉会，也就是大家围坐在一起吃火锅；第三，官吏要进献木炭，为公共事业添砖加瓦。

十月迎来的第一个节气是立冬。立冬是二十四节气的第十九个节气，时间在农历十月中旬，阳历11月7日或8日。冬，有终结的意思。此时万物进入休养、收藏的状态，寒冬也大踏步地走来，我国古代习惯将立冬作为冬季的开端。

十月的第二个节气是小雪。小雪是二十四节气的第二十个节气，时间在农历十月下旬，阳历11月22日或23日。此时农业生产进入冬季管理阶段，每当有强冷空气南下的时候，黄河流域就开始下雪，只是降雪量通常比较小，次

---

[1] 孟冬：十月的雅称。

数也不多，所以叫小雪。

在农历十月，北方植物的叶子已经凋零，冬眠的动物进入梦乡，人们已能初步感受寒冬气息了。

十一月霜花欲槁——霜月[1]

农历十一月的第一个节气是大雪，它是二十四节气的第二十一个节气，时间在农历十一月中旬，阳历12月6日、7日或8日。大雪时节，降雪强度增大、次数增多。此时的降雪俗称"瑞雪"，这种降雪能冻死田地里的害虫，有利于次年的农业生产，低温能降低细菌活性，也有利于环境卫生和人体健康，因此民间有"瑞雪兆丰年"的说法。

大雪前后，是一年中雾气最多、最浓的时候，不利于航空、航海和陆上的交通运输。而且有雾的时候，空气中的污染物不容易扩散，尤其是早上的时候最为严重，因此这个时节不宜晨练，否则对人体健康有害。

大雪之后，十一月的另一个节气是冬至。冬至，是二十四节气的第二十二个节气，时间在农历十一月下旬，阳历12月21日、22日或23日。在这一天，北半球白昼最短、黑夜最长，北极圈内更是终日见不到太阳，出现极夜现象。

从冬至开始，民间用"冬至数九"歌来表达每九天气候所发生的变化。

一九和二九，相唤不出手。
三九二十七，笆头吹觱篥。
四九三十六，夜眠如露宿。
五九四十五，太阳开门户。
六九五十四，笆头抽嫩刺。

[1] 霜月：十一月的雅称。

七九六十三，破絮担头担。

八九七十二，黄狗相阳地。

九九八十一，犁耙一齐出。

冬至之后，按照数九歌，就知道气候变化到什么程度、人们该做什么活动。但把冬至之后白昼渐长的现象表现得淋漓尽致的，要数"日长一线"的说法。魏晋时期的宫廷中，宫中刺绣的女工在白天看得见的时候刺绣，她们会用每天用掉多少线来衡量一天的长短。冬至之后，每过一天，天黑就要晚一些，收工的时候都会比前一天多用一根线，因此说"日长一线"，意思是"绣完一根线的时间一日比一日长"。杜甫也在《至日遣兴奉寄北省旧阁老两院故人》诗中说"何人错忆穷愁日，愁日愁随一线长"，意思是：得意之人未必能忆及穷愁，今日只有我忆及穷愁，这是因为我被贬官在外，我的忧愁也像冬至之后的白昼一样越发愁长了。

因此，"日长一线"在后世就被人们用来形容冬至之后白昼渐长的情

形。不得不说，在表达生活感受上，古人是细腻而浪漫的。

十二月寒梅斗雪——腊月❶

传说，周朝末年有一个叫茅濛的人，他性情良善、生活俭朴、博学多闻，他预感到周朝即将衰败，便不打算去做官，但又感慨人生苦短，转眼即逝，应该抓紧时间做些什么，于是他拜鬼谷子为师，学习长生之术。之后，他便远离凡尘俗世，进入华山静心修炼，最终白日飞升成仙。

后来，秦始皇因为喜欢访仙求道，听了这个故事之后，就把腊月改为"嘉平"，称十二月为嘉平节。民间在嘉平节的时候互相赠送酒水瓜果，这种行为叫作"节礼"。访仙求道虽然不现实，但民间相互赠送酒水瓜果的行为却值得我们学习，因为它能增强人与人之间的关系，使人在寒冬腊月里感受到社会的温暖。

---

❶ 腊月：十二月的雅称。

可能你没有听说过嘉平节，但肯定听说过腊八节。相传，腊月初八是释迦牟尼得道的日子，佛寺通常会在这一天举行诵经等纪念活动，用各种果实和五谷煮的粥来供奉佛祖，这种粥就叫作腊八粥。《燕京岁时记·腊八粥》中有如下记载。

腊八粥者，用黄米、白米、江米❶、小米、菱角米、栗子、红豇豆、去皮枣泥等，合水煮熟，外用染红桃仁、杏仁、瓜子、花生、榛穰、松子及白糖、红糖、琐琐葡萄，以作点染。

关于腊八节，宋代规定十二月初八这一天要浴佛，要送七宝五味粥，这七宝五味粥就是腊八粥。

腊月迎来的第一个节气是小寒，这是二十四节气的第二十三个节气，时间在农历十二月上旬，阳历1月5日、6日或7日。此时正值冬至"三九"，大部地区处于严寒之中。小寒是浓雾多发的季节，有的地方积雪较厚，且伴有雨淞，常常阻碍交通。对于越冬植物，我们不必担心，之前所施的有机肥可以提高土壤温度，让它们安全越冬。

小寒之后的节气是大寒。大寒是二十四节气中的最后一个节气，时间在腊月也就是农历十二月下旬，阳历1月20日或21日。大寒是一年之中最冷的时候，这种强度的寒潮会对蔬菜生长产生极大的影响，果树的苗木也需要严加防护，免得被冻坏。

大寒之后，一年很快就结束了。在传统节日里，一年里的最后一天叫作除夕。除夕是送旧迎新的日子，应该是一年里最热闹的时候了。传说上古时期，西方的深山中有山魈作怪，为了避免它来打扰人们的生活，人们就在除夕夜把竹筒放到火里烧，噼里啪啦的爆竹声会把山魈吓跑。鞭炮出现后，人们就改放鞭炮了。在爆竹声中，各家还会带个盆，来到街心用麻秸等为燃

---

❶ 江米：也叫籼糯米，是糯米的一种，外形细长。

料当街燃烧，通过火光的明暗占卜来年的吉凶，这种行为叫作"粎盆"。吴地的一些村落，还会在除夕夜燃起火炬，将火炬绑在长竿上照亮田野，以此来祈祷来年有个好收成。这反映了古人对美好生活的期望。

除夕之夜还有一个重要活动——守岁，就是在除夕之夜整夜不睡，等待天明。年长的人守岁是为了"辞旧岁"，有珍爱光阴的意思；年轻人守岁，是为了延长父母的寿命，有祈求父母健康长寿的意思。守岁结束之后，旧的一年过去，新的一年到来，人们的生活又翻开了新的篇章。

一年四季，古人把自己的时间表安排得满满的，他们或者辛勤劳作，或者欢聚游乐，或者祭祀祈福。总之，安全、健康、富足是他们对生活的期望，这种期望使我们看到他们丰富多彩的节日，也使我们从中获得反思，去寻求生活的真谛，去追求人生的目标。

大开脑洞

古代宫女用每天的绣线来衡量一天的长短，如果是你，你会用什么方法来衡量一天的长短呢？

长知识了

1 孟冬： 冬季的第一个月，即农历十月。

2 仲冬： 冬季的第二个月，即农历十一月。

3 季冬： 冬季的第三个月，即农历十二月。

4 极昼： 极圈以内的地区，每年总有一个时期太阳都在地平线以上，一天24小时都是白天的现象。

5 极夜： 极圈以内的地区，每年总有一个时期太阳一直在地平线以下，一天24小时都是黑夜的现象。

6 雨凇： 超冷的降水碰到温度等于或低于零摄氏度的物体表面时所形成玻璃状的透明或无光泽的表面粗糙的冰覆盖层。俗称"树挂"，也叫冰凌、树凝。

7 雾凇： 寒冷天，雾冻结在树木的枝叶上或电线上而成的白色松散冰晶。通称"树挂"。

夜航船驿站

⭐ 商陆火

　　裴度是唐代中期杰出的政治家、文学家。有一年，他在除夕之夜围炉守岁。想到时间匆匆而过，一年很快就要过去了，裴度叹道："唉，又老了一岁！"越想越睡不着，等到天亮的时候，炉中的商陆火已经添了好几次了。时光匆匆，我们年轻的时候要懂得珍惜时光，不要到年老了后悔。

⭐ 祭诗文

　　唐代的贾岛是个爱推敲诗文的人，常常因为推敲诗句陷入沉思。他经常在除夕这一天，将自己这一年所写的诗文拿出来，用酒肉进行祭祀，还说："这些都耗费了我的精神，就用酒肉来补偿补偿吧！"贾岛真是个既喜欢诗文又注重仪式感的人。